中国的生物多样性保护

（2021 年 10 月）

中华人民共和国
国务院新闻办公室

人民出版社

目　录

前　言

　　"生物多样性"是生物(动物、植物、微生物)与环境形成的生态复合体以及与此相关的各种生态过程的总和,包括生态系统、物种和基因三个层次。生物多样性关系人类福祉,是人类赖以生存和发展的重要基础。人类必须尊重自然、顺应自然、保护自然,加大生物多样性保护力度,促进人与自然和谐共生。

　　1972 年,联合国召开人类环境会议,与会各国共同签署了《人类环境宣言》,生物资源保护被列入二十六项原则之中。1993 年,《生物多样性公约》正式生效,公约确立了保护生物多样性、可持续利用其组成部分以及公平合理分享由利用遗传资源而产生的惠益三大目标,全球生物多样性保护开启了新纪元。

　　中国幅员辽阔,陆海兼备,地貌和气候复杂多样,孕育了丰富而又独特的生态系统、物种和遗传多样性,是世界上生物多样性最丰富的国家之一。中国的传统文化积淀了丰富的生物多样性智慧,"天人合一""道法自然""万物平等"等思想和理念体现了朴素的生物多样性保护意识。作为最早签署和批准《生物多样性公约》的缔约方之一,中国一贯高度重视生物多样性保护,不断推进生物多样性保护与时俱进、创新发展,取得显著成效,走出了一条中国特色生物多样性保护之路。

中共十八大以来,在习近平生态文明思想引领下,中国坚持生态优先、绿色发展,生态环境保护法律体系日臻完善、监管机制不断加强、基础能力大幅提升,生物多样性治理新格局基本形成,生物多样性保护进入新的历史时期。当前,全球物种灭绝速度不断加快,生物多样性丧失和生态系统退化对人类生存和发展构成重大风险。2020 年 9 月 30 日,习近平主席在联合国生物多样性峰会上指出,要站在对人类文明负责的高度,探索人与自然和谐共生之路,凝聚全球治理合力,提升全球环境治理水平。中国将秉持人类命运共同体理念,继续为全球环境治理贡献力量。

为介绍中国生物多样性保护理念和实践,增进国际社会对中国生物多样性保护的了解,特发布本白皮书。

一、秉持人与自然和谐共生理念

中国生物多样性保护以建设美丽中国为目标,积极适应新形势新要求,不断加强和创新生物多样性保护举措,持续完善生物多样性保护体制,努力促进人与自然、人与人、人与社会和谐共生、良性循环、全面发展、持续繁荣。

面对全球生物多样性丧失和生态系统退化,中国秉持人与自然和谐共生理念,坚持保护优先、绿色发展,形成了政府主导、全民参与,多边治理、合作共赢的机制,推动中国生物多样性保护不断取得新成效,为应对全球生物多样性挑战作出新贡献。

——坚持尊重自然、保护优先。牢固树立尊重自然、顺应自然、保护自然的理念,在社会发展中优先考虑生物多样性保护,以生态本底和自然禀赋为基础,科学配置自然和人工保护修复措施,对重要生态系统、生物物种及遗传资源实施有效保护,保障生态安全和生物安全。

——坚持绿色发展、持续利用。践行"绿水青山就是金山银山"理念,将生物多样性作为可持续发展的基础、目标和手段,科学、合理和可持续利用生物资源,给自然生态留下休养生息的时间和空间,推动生产和生活方式的绿色转型和升级,从保护自然中寻找发展机遇,实现生物多样性保护和经济高质量发展双赢。

——坚持制度先行、统筹推进。不断强化生物多样性保护国家战略地位,长远谋划顶层设计,分级落实主体责任,建立健全政府主导、企业行动和公众参与的生物多样性保护长效机制。强化中国生物多样性保护国家委员会统筹协调作用,持续完善生物多样性保护、可持续利用和惠益分享相关法律法规和政策制度,构建生物多样性保护和治理新格局。

——坚持多边主义、合作共赢。加强生物多样性保护,促进人与自然和谐共生,已成为国际交流对话的重要内容。中国坚定支持生物多样性多边治理体系,切实履行《生物多样性公约》及其他相关环境条约义务,积极承担与发展水平相称的国际责任,向其他发展中国家提供力所能及的援助,不断深化生物多样性领域交流合作,携手应对全球生物多样性挑战,为实现人与自然和谐共生美好愿景发挥更大作用。

二、提高生物多样性保护成效

中国坚持在发展中保护、在保护中发展，提出并实施国家公园体制建设和生态保护红线划定等重要举措，不断强化就地与迁地保护，加强生物安全管理，持续改善生态环境质量，协同推进生物多样性保护与绿色发展，生物多样性保护取得显著成效。

（一）优化就地保护体系

中国不断推进自然保护地建设，启动国家公园体制试点，构建以国家公园为主体的自然保护地体系，率先在国际上提出和实施生态保护红线制度，明确了生物多样性保护优先区域，保护了重要自然生态系统和生物资源，在维护重要物种栖息地方面发挥了积极作用。

构建以国家公园为主体的自然保护地体系。自1956年建立第一个自然保护区以来，截至目前，中国已建立各级各类自然保护地近万处，约占陆域国土面积的18%。近年来,中国积极推动建立以国家公园为主体、自然保护区为基础、各类自然公园为补充的自然保护地体系,为保护栖息地、改善生态环境质量和维护国家生态安全奠定基础。2015 年以来,先后启动三江源等 10 处国家公园体制试点,整合相关自然保护地划入国家公园范围,实行统一管理、整体保护和系统修复。通过构建科学合理的自然保护地体系,90%的陆地生态系统类型和 71%的国家重点保护野生动植物物种得到有效保护。野生动物栖息地空间不断拓展,种群数量不断增加。大熊猫野外种群数量 40 年间从 1114 只增加到 1864 只,朱鹮由发现之初的 7 只增长至目前野外种群和人工繁育种群总数超过 5000 只,亚洲象野外种群数量从上世纪 80 年代的 180 头增加到目前的 300 头左右,海南长臂猿野外种群数量从 40 年前的仅存两群不足 10 只增长到五群 35 只。

专栏 1　国家公园体制试点建设

2015 年,中国在总结自然保护地 60 余年建设经验的基础上,启动国家公园体制试点,先后设立三江源等 10 处国家公园体制试点,总面积约 22 万平方公里,占陆域国土面积的 2.3%。

中国的国家公园以保护具有国家代表性的自然生态系统为主要目的,实现自然资源科学保护和合理利用的特定陆域或海域,是中国自然生态系统中最重要、自然景观最独特、自然遗产最精华、生物多样性最富集的部分，保护范围大，生态过程完整。国家公园坚持生态保护第一，实行最严格的保护，同时兼具科研、教育、游憩等综合功能。

经过多年探索，国家公园体制试点在理顺管理体制、创新运行机制、强化监督管理、推动协调发展等方面进行了有益探索，在生态保护上成效明显。整合相关自然保护地划入国家公园范围，实行统一管理、整体保护和系统修复，增强了自然生态系统的完整性和原真性保护。同时，国家公园体制改革也为全面建立以国家公园为主体的自然保护地体系进行了更多探索实践。

划定并严守生态保护红线。生态保护红线是中国国土空间规划和生态环境体制机制改革的重要制度创新。中国创新生态空间保护模式，将具有生物多样性维护等生态功能极重要区域和生态极脆弱区域划入生态保护红线，进行严格保护。初步划定的生态保护红线，集中分布于青藏高原、天山山脉、内蒙古高原、大小兴安岭、秦岭、南岭，以及黄河流域、长江流域、海岸带等重要生态安全屏障和区域。生态保护红线涵盖森林、草原、荒漠、湿地、红树林、珊瑚礁及海草床等重要生态系统，覆盖全国生物多样性分布的关键区域，保护绝大多数珍稀濒危物种及其栖息地。中国"划定生态保护红线，减缓和适应气候变化"行动倡议，入选联合国"基于自然解决方案"全球 15 个精品案例。生态保护红线的划定与生物多样性保护具有高度的战略契合性、目标协同性和空间一致性,将有效提升生态系统服务功能,维护国家生态安全及经济社会可持续发展所必需的最基本生态空间。

确定中国生物多样性保护优先区域。中国打破行政区域界线,连通现有自然保护地,充分考虑重要生物地理单元和生态系统类型的完整性,划定 35 个生物多样性保护优先区域。其中,32 个陆域优先区域总面积 276.3 万平方公里,约占陆地国土面积的 28.8%,对于有效保护重要生态系统、物种及其栖息地具有重要意义。

(二)完善迁地保护体系

中国持续加大迁地保护力度,系统实施濒危物种拯救工程,生物遗传资源的收集保存水平显著提高,迁地保护体系日趋完善,成为就地保护的有效补充,多种濒危野生动植物得到保护和恢复。

逐步完善迁地保护体系。建立了植物园、野生动物救护繁育基地以及种质资源库、基因库等较为完备的迁地保护体系。截至目前,建立植物园(树木园)近 200 个,保存植物 2.3 万余种;建立 250 处野生动物救护繁育基地,60 多种珍稀濒危野生动物人工繁殖成功。

<table>
<tr><td colspan="1">专栏 2　植物迁地保护体系</td></tr>
</table>

　　中国建立了较为完备的植物迁地保护体系,现有迁地栽培高等植物396 科、3633 属、23340 种(含种以下分类单元),其中本土植物 288 科、2911 属、约 20000 种,分别占中国本土高等植物的 91%、86% 和 60%。建立迁地保护点近 200 个,基本完成苏铁、棕榈种质资源收集保存和原产中国的重点兰科、木兰科植物收集保存。建成 22 个多树种遗传资源综合保存库、13 个单树种遗传资源专项保存库、294 个国家级林木良种基地,保存树种 2000 多种,覆盖全国大多数省份,涵盖目前利用的主要造林树种遗传资源的 60%。

　　加快重要生物遗传资源收集保存和利用。中国高度重视生物资源保护,近年来在生物资源调查、收集、保存等方面取得较大进展。实施战略生物资源计划专项,完善生物资源收集收藏平台,建立种质资源创新平台、遗传资源衍生库和天然化合物转化平台,持续加强野生生物资源保护和利用。实施一批种质资源保护和育种创新项目,截至 2020 年底,形成了以国家作物种质长期库及其复份库为核心、10 座中期库与 43 个种质圃为支撑的国家作物种质资源保护体系,建立了 199 个国家级畜禽遗传资源保种场(区、库),为 90% 以上的国家级畜禽遗传资源保护名录品种建立了国家级保种单位,长期保存作物种质资源 52 万余份、畜禽遗传资源 96 万份。建设 99 个国家级林木种质资源保存库，以及新疆、山东 2 个国家级林草种质资源设施保存库国家分库，保存林木种质资源 4.7 万份。建设 31 个药用植物种质资源保存圃和 2 个种质资源库，保存种子种苗 1.2 万多份。

专栏 3　中国西南野生生物种质资源库

　　在全国 105 家单位的协作攻关下，经过 13 年努力，由中国科学院昆明植物研究所牵头创建了国际一流的野生生物种质资源保藏体系——中国西南野生生物种质资源库，抢救性采集和保存了中国大量珍稀濒危、特有和具有重要价值的生物种质资源，全面实现了资源和信息的社会化共享。截至 2020 年底，种质资源库已保存野生植物种子 10601 种、85046 份；植物离体培养材料 2093 种、24100 份；DNA 材料 7324 种、65456 份；微生物菌株 2280 种、22800 份和动物种质资源 2203 种、60262 份，与英国"千年种子库"、挪威"斯瓦尔巴全球种子库"等一起成为全球生物多样性保护的重要设施。

　　系统实施濒危物种拯救工程。中国实施濒危物种拯救工程，对部分珍稀濒危野生动物进行抢救性保护，通过人工繁育扩大种群，并最终实现放归自然。人工繁育大熊猫数量呈快速优质增长，大熊猫受威胁程度等级从"濒危"降为"易危"，实现野外放归并成功融入野生种群。曾经野外消失的麋鹿在北京南海子、江苏大丰、湖北石首分别建立了三

大保护种群,总数已突破 8000 只。此外,中国还针对德保苏铁、华盖木、百山祖冷杉等 120 种极小种群野生植物开展抢救性保护,112 种我国特有的珍稀濒危野生植物实现野外回归。

(三)加强生物安全管理

中国高度重视生物安全,把生物安全纳入国家安全体系,颁布实施《生物安全法》,系统规划国家生物安全风险防控和治理体系建设。外来物种入侵防控机制逐渐完善,生物技术健康发展,生物遗传资源保护和监管力度不断增强,国家生物安全管理能力持续提高。

严密防控外来物种入侵。持续加强对外来物种入侵的防范和应对,完善外来入侵物种防控制度,建立外来入侵物种防控部际协调机制,推动联防联控。陆续发布 4 批《中国自然生态系统外来入侵物种名单》,制定《国家重点管理外来入侵物种名录》,共计公布 83 种外来入侵物种。启动外来入侵物种普查,开展外来入侵物种监测预警、防控灭除和监督管理。加强外来物种口岸防控,严防境外动植物疫情疫病和外来物种传入,筑牢口岸检疫防线。

完善转基因生物安全管理。严格规范生物技术及其产品的安全管理,积极推动生物技术有序健康发展。先后颁布实施《农业转基因生物安全管理条例》《农业转基因生物安全评价管理办法》《生物技术研究开发安全管理办法》《进出境转基因产品检验检疫管理办法》等法律法规。开展转基因生物安全检测与评价,防范转基因生物环境释放可能对生物多样性保护及可持续利用产生的不利影响。发布转基因生物安全评价、检测及监管技术标准200余项,转基因生物安全管理体系逐渐完善。

强化生物遗传资源监管。加强对生物遗传资源保护、获取、利用和惠益分享的管理和监督,保障生物遗传资源安全。开展重要生物遗传资源调查和保护成效评估,查明生物遗传资源本底,查清重要生物遗传资源分布、保护及利用现状。组织开展第四次全国中药资源普查,获得1.3万多种中药资源的种类和分布等信息,其中3150种为中国特有种。正在开展的第三次全国农作物种质资源普查与收集行动,已收集作物种质资源9.2万份,其中90%以上为新发现资源。2021年启动的第三次全国畜禽遗传资源普查,已完成新发现的8个畜禽遗传资源初步鉴定工作。组织开展第一次全国林草种质资源普查,已完成秦岭地区调查试点工作。近10年来,中国平均每年发现植物新种约200种,占全球植物年增新种数的十分之一。加快推进生物遗传资源获取与惠益分享相关立法进程,持续强化生物遗传资源保护和监管,防止生物遗传资源流失和无序利用。

(四)改善生态环境质量

加大生态保护修复力度,提升生态系统质量和稳定性,对维护国家生态安全具有基础性、战略性作用。中国实施系列生态保护修复工程,不断加大生态修复力度,统筹推进山水林田湖草沙冰一体化保护和系统治理,生态恶化趋势基本得到遏制,自然生态系统总体稳定向好,服务功能逐步增强;坚决打赢污染防治攻坚战,极大缓解了生物多样性保护压力,生态环境质量持续改善,国家生态安全屏障骨架基本构筑。

实施系列生态保护修复工程。以恢复退化生态系统、增强生态系统稳定性和提升生态系统质量为目标,持续开展多项生态保护修复工程,有效改善和恢复了重点区域野生动植物生境。稳步实施天然林保护修复、京津风沙源治理工程、石漠化综合治理、三北防护林工程等重点防护林体系建设、退耕还林还草、退牧还草以及河湖与湿地保护修复、红树林与滨海湿地保护修复等一批重大生态保护与修复工程,实施 25 个山水林田湖草生态保护修复工程试点,启动 10 个山水林田湖草沙一体化保护和修复工程。制定实施《全国重要生态系统保护和修复重大工程总体规划(2021—2035 年)》,确定了新时代"三区四带"生态保护修复总体布局。中国森林面积和森林蓄积连续 30 年保持"双增长",成为全球森林资源增长最多的国家,荒漠化、沙化土地面积连续 3 个监测期实现了"双缩减",草原综合植被盖度达到 56.1%,草原生态状况持续向好。2016—2020 年期间,累计整治修复岸线 1200 公里,滨海湿地 2.3 万公顷。2000—2017 年全球新增的绿化面积中,约 25% 来自中国,贡献比例居世界首位。

坚决打赢污染防治攻坚战。良好的环境质量是保护生物多样性的基础条件,也是生物多样性保护的应有之义。中国坚决向污染宣战,打响蓝天、碧水、净土保卫战,污染防治力度不断加大,取得显著成效。2020 年,全国细颗粒物(PM$_{2.5}$)平均浓度为 33 微克/立方米,比 2015 年下降28.3%,优良天数比例比 2015 年上升 5.8 个百分点;全国地表水国控断面水质优良(Ⅰ～Ⅲ类)和丧失使用功能(劣Ⅴ类)水体比例分别为 83.4% 和 0.6%,比 2015 年分别提高17.4 个百分点和降低 9.1 个百分点;全国近岸海域优良水质(一、二类)面积比例为 77.4%，较 2015 年上升 9 个百分点；全国受污染耕地安全利用率和污染地块安全利用率均超过 90%。生态环境质量改善优化了物种生境，恢复了各类生态系统功能，有效缓解了生物多样性丧失压力。

（五）协同推进绿色发展

在经济社会发展过程中，中国注重以自然承载力为基础，加快转变经济发展方式，倡导绿色低碳生活，协同推进高水平生物多样性保护和高质量发展。

加快行业产业绿色转型。贯彻新发展理念，坚持保护优先、绿色发展，推动经济社会发展全面绿色转型，促进经济发展与生态环境保护相协调，减少对生物多样性的压力。加快建立健全绿色低碳循环发展经济体系，优化产业结构，提高资源利用效率和清洁生产水平，提升绿色产业比重，加快一二三产业和基础设施绿色转型和升级。鼓励发展生态种植、生态养殖和可持续经营，加强生物资源养护，制定可持续生产标准指南，加强绿色食品、有机农产品、森林生态标志产品、可持续水产品等绿色产品认证，发挥科技创新作用，强化农业、林业、渔业、畜牧业等领域的生物多样性保护与可持续利用。实施特许猎捕证制度、采集证制度、驯养繁殖许可证制度等重点野生动植物利用管理制度,鼓励保护和可持续利用优良生物资源。

推进城乡建设绿色发展进程。以生物多样性保护为前提,积极探索生物多样性保护与乡村振兴协同推进,培育优势资源、发展生态产业,推动城市、乡村绿色高质量发展,建设人与自然和谐相处、共生共荣的美丽家园。在乡村振兴过程中充分考虑生态环境因素,以促进农村进步、实现农民富裕为目标,持续加大生物资源的保护力度,助推可持续发展。持续开展国家生态文明建设示范区、国家环境保护模范城市、国家生态园林城市、国家园林城市等建设,着力推动城市生物多样性保护,城市生态空间格局持续优化,城市生态系统质量稳步提升,人民群众的生态环境获得感、幸福感和安全感不断增强。倡导并培育绿色消费、绿色出行、绿色居住等绿色低碳生活方式,减少自然资源消耗。

探索生态产品价值实现路径。贯彻落实"绿水青山就是金山银山"的理念,推动生态产品价值实现和保值增值,培育经济高质量发展新动能。建立健全生态产品价值实现机制,着力构建"绿水青山"转化为"金山银山"的政策制度体系。在长江流域和三江源国家公园等开展生态产品价值实现机制试点,推进"绿水青山就是金山银山"实践创新基地建设,探索政府主导、企业和社会各界参与、市场化运作、可持续的生态产品价值实现路径,推动将自然生态优势转化为经济社会高质量发展优势,激发生物多样性保护内生动力。

专栏4 生物多样性保护助力减贫实践案例

湖北省五峰土家族自治县地处生物多样性关键地区,通过建立蜜蜂养殖、蜜源植物种植与生物多样性保护相协调的减贫模式,带动农户增收脱贫,农村常住居民人均可支配收入从2015年的7880元增长到2020年的11735元。五峰土家族自治县脱贫实践于2019年入选由世界银行、联合国粮食及农业组织等联合发起的"110个全球减贫最佳案例"。

河北省围场满族蒙古族自治县林业资源丰富,当地组织有劳动能力的贫困户参与生态工程整地、栽植、管护等劳务,增加贫困户的工资性收入;同时,将符合条件的贫困人口选聘为生态护林员,为每人每年直接带来7000—8000元的稳定收入。

三、提升生物多样性治理能力

中国将生物多样性保护上升为国家战略，把生物多样性保护纳入各地区、各领域中长期规划，完善政策法规体系，加强技术保障和人才队伍建设，加大执法监督力度，引导公众自觉参与生物多样性保护，不断提升生物多样性治理能力。

（一）完善政策法规

中国不断建立健全生物多样性保护政策法规体系，制定相应的中长期规划和行动计划，为生物多样性保护和管理提供制度保障。

强化组织领导。成立由分管生态环境保护的国务院副总理任主任、23 个国务院部门为成员的中国生物多样性保护国家委员会，统筹推进生物多样性保护工作。《中华人民共和国国民经济和社会发展第十四个五年规划和 2035 年远景目标纲要》明确将实施生物多样性保护重大工程、构筑生物多样性保护网络作为提升生态系统质量和稳定性的重要工作内容。发布并实施《中国生物多样性保护战略与行动计划》(2011—2030年),从建立健全生物多样性保护与可持续利用的政策与法律体系等10个优先领域,以及完善跨部门协调机制等30个行动方面对加强生物多样性保护进行有力指导。北京、江苏、云南等22个省、自治区、直辖市制定了省级生物多样性保护战略与行动计划。建立生态文明建设考核目标体系,将生物多样性保护相关指标纳入地方考核,压实生物多样性保护责任。

加强生物多样性法制建设。近10年来,颁布和修订森林法、草原法、渔业法、野生动物保护法、环境保护法、海洋环境保护法、种子法、长江保护法和生物安全法等20多部生物多样性相关的法律法规,覆盖野生动植物和重要生态系统保护、生物安全、生物遗传资源获取与惠益分享等领域,为生物多样性保护与可持续利用提供了坚实的法律保障。修订调整国家重点保护野生动植物名录,为拯救珍稀濒危野生动植物,维护生物多样性奠定基础。2020年,第十三届全国人民代表大会常务委员会第十六次会议通过了《关于全面禁止非法野生动物交易、革除滥食野生动物陋习、切实保障人民群众生命健康安全的决定》。各省(自治区、直辖市)结合当地实际颁布了相关法律法规,云南省制定了全国第一部生物多样性保护的地方性法规《云南省生物多样性保护条例》。

(二)强化能力保障

组织开展全国生物多样性调查,建立完善生物多样性监测观测网络,不断加大资金投入和科技研发力度,生物多样性保护和治理能力全面提升。

开展全国生物多样性调查与评估。大力推进生物多样性保护重大工程实施,结合自然资源调查、生态系统监测评估等工作,不断完善生物多样性调查与评估能力,首次将生物多样性指标纳入生态质量综合评价指标体系,引导地方加强生态文明建设与生物多样性保护。开展自然资源调查,包括森林、草原、水、湿地、荒漠、海洋等,建立自然资源调查评价监测制度。构建了涵盖2376个县级行政单元、样线总长超过3.4万公里的物种分布数据库,建立物种资源调查及收集信息平台,准确反映野生动植物空间分布状况。完成长江经济带、京津冀等国家战略区域180多个县级行政区生物多样性调查与评估。组织开展近海渔业资源调查,初步掌握近海渔业资源状况。陆续发布《中国植物红皮书》《中国濒危动物红皮书》《中国物种红色名录》《中国生物多样性红色名录》，基本掌握生物多样性总体情况，为加强生物多样性保护奠定了科学基础。

完善监测观测网络。中国建立起各类生态系统、物种的监测观测网络，在生物多样性理论研究、技术示范与推广以及物种与生境保护方面发挥了重要作用，为科研、教育、科普、生产等各领域提供了多样化的信息服务与决策支持。其中，中国生态系统研究网络（CERN）、国家陆地生态系统定位观测研究网络（CTERN）涵盖所有生态系统和要素，中国生物多样性监测与研究网络（Sino BON）覆盖动物、植物、微生物等多种生物类群，中国生物多样性观测网络（China BON）构建了覆盖全国的指示物种类群观测样区。

1988 年以来,中国生态系统研究网络(CERN)在不同生态区建立了 44 个生态站,涵盖森林、草地、荒漠、湿地、农田和城市等生态系统类型,建成了由 48 个综合观测场、120 个辅助观测场、1100 个定位观测点和 15000 个固定调查样地组成的生态观测体系,开展气象、水文、土壤、生物等生态要素观测。CERN 掌握了生态系统动态变化的第一手数据,为中国生物多样性保护和生态修复提供了长期、系统的科学数据和技术支撑,为全球生态系统监测作出积极贡献。

专栏 7 中国生物多样性观测网络

2011 年以来,中国建立了 380 个鸟类观测样区、159 个两栖动物观测样区、70 个哺乳动物观测样区和 140 个蝴蝶观测样区,构建了由 749 个观测样区组成的生物多样性观测网络,累计布设样线和样点 11887 条(个),每年获得 70 余万条观测数据,掌握了重点区域物种多样性变化的第一手数据,为评估生物多样性保护现状及受威胁因素、制定生物多样性保护管理政策措施提供了技术支撑。

加强资金保障。近年来,中国持续加大投入生物多样性保护领域的资金,为加强生物多样性保护提供重要保障。2017—2018 年,连续两年安排超过 2600 亿资金投入生物多样性相关工作,是 2008 年投入的 6 倍。同时,利用财税激励措施,积极调动民间资本投入生物多样性保护。2020年,设立国家绿色发展基金,首期募资规模 885 亿元。

强化科技与人才支撑。设立生物多样性保护领域研究专项,构建数据库和信息平台,完善生物多样性调查、观测和评估等相关技术和标准体系,为生物多样性保护提供有力科技支撑。通过"生物多样性保护专项""典型脆弱生态修复与保护研究""物种资源保护专项""珍稀濒危野生动物保护专项"等一批基础科研项目,加强濒危野生动植物恢复与保护、种质资源和遗传资源保存、生物资源可持续利用和产业化等技术研发,逐步构建生物多样性保护和生物资源可持续利用技术体系。发挥高校和科研院所优势,推进科教融合,加强生物多样性人才培养。

(三)加强执法监督

开展中央生态环境保护督察,解决突出生态环境问题,改善生态环境质量,推动经济社会高质量发展。组织打击野生动植物非法贸易等专项执法行动,持续加大涉及生物多样性违法犯罪问题的打击整治力度,坚决制止和惩处破坏生态系统、物种和生物资源的行为。

加大中央生态环境保护督察力度。2015年起,建立中央生态环境保护督察制度,逐步覆盖31个省、自治区、直辖市和国务院有关部门、部分中央企业。坚持问题导向,重点围绕生物多样性保护、应对气候变化、长江十年禁渔、海洋生态环境保护等重大任务开展督察,推动解决一批生态环境领域的突出问题。中央生态环境保护督察制度有力推动各级政府和部门承担起保护生态环境的责任,为生物多样性保护提供强大的制度保障。

开展生物多样性保护执法检查。开展跨部门、跨区域和跨国联合执法行动,严厉打击珍稀濒危野生动植物走私,对涉及野生动植物交易等违法活动采取零容忍态度。健全野生动物保护执法监管长效机制,开展"绿盾"自然保护地强化监督、"碧海"海洋生态环境保护、"中国渔政亮剑"、"昆仑行动"等系列执法行动,对影响野生动植物及其栖息地保护的行为进行严肃查处。建立长江禁捕退捕的跨区域跨部门联合执法联动协作机制,加大非法捕捞专项整治力度,对相关违法犯罪行为形成高压态势。

（四）倡导全民行动

中国不断加强生物多样性保护宣传教育,政府加强引导、企业积极行动、公众广泛参与的行动体系基本形成,公众参与生物多样性保护的方式更加多元化,参与度全面提高。持续开展生物多样性保护宣传教育和科普活动,在国际生物多样性日、世界野生动植物日、世界湿地日、六五环境日、水生野生动物保护科普宣传月等重要时间节点举办系列活动，调动全社会广泛参与，进一步增强公众保护意识。创新宣传模式，拓宽参与渠道，完善激励政策，邀请公众在生物多样性政策制定、信息公开与公益诉讼中积极参与、建言献策，营造生物多样性保护的良好氛围。发布《"美丽中国，我是行动者"提升公民生态文明意识行动计划（2021—2025 年）》《关于推动生态环境志愿服务发展的指导意见》，为各类社会主体和公众参与生物多样性保护工作提供指南和规范。成立长江江豚、海龟、中华白海豚等重点物种保护联盟，为各方力量搭建沟通协作平台。加入《生物多样性公约》秘书处发起的"企业与生物多样性全球伙伴关系"（GPBB）倡议，鼓励企业参与生物多样性领域工作，积极引导企业参与打击野生动植物非法贸易。

四、深化全球生物多样性保护合作

面对生物多样性丧失的全球性挑战，各国是同舟共济的命运共同体。中国坚定践行多边主义，积极开展生物多样性保护国际合作，广泛协商、凝聚共识，为推进全球生物多样性保护贡献中国智慧，与国际社会共同构建人与自然生命共同体。

（一）积极履行国际公约

中国积极履行《生物多样性公约》及其议定书，促进相关公约协同增效，展现大国担当，在全球生物多样性保护和治理进程中发挥重要作用。

积极履行《生物多样性公约》及其议定书。1992年以来，中国坚定支持生物多样性多边治理体系，采取一系列政策和措施，切实履行公约义务。作为公约及其议定书的缔约方，按时高质量提交国家报告，2019年7月提交了《中国履行〈生物多样性公约〉第六次国家报告》，同年10月提交了《中国履行〈卡塔赫纳生物安全议定书〉第四次国家报告》。2019 年以来,中国成为《生物多样性公约》及其议定书核心预算的最大捐助国,有力支持了《生物多样性公约》的运作和执行。近年来,中国持续加大对全球环境基金捐资力度,已成为全球环境基金最大的发展中国家捐资国,有力地支持了全球生物多样性保护。

促进生物多样性相关公约协同增效。生物多样性与其他生态环境问题联系密切,中国支持协同打造更牢固的全球生态安全屏障,构筑尊重自然的生态系统,协同推动《生物多样性公约》与其他国际公约共同发挥作用。中国持续推进《濒危野生动植物种国际贸易公约》《联合国气候变化框架公约》《联合国防治荒漠化公约》《关于特别是作为水禽栖息地的国际重要湿地公约》《联合国森林文书》等进程,与相关国际机构合作建立国际荒漠化防治知识管理中心,与新西兰共同牵头组织"基于自然的解决方案"领域工作,并将其作为应对气候变化、生物多样性丧失的协同解决方案。2020 年 9 月,中国宣布力争 2030 年前实现碳达峰、2060 年前实现碳中和,为全球应对和减缓气候变化做出中国贡献。

推动履约取得明显成效。中国为推动实现 2020 年全球生物多样性保护目标和联合国 2030 年可持续发展目标做出积极贡献。自发布《中国生物多样性保护战略与行动计划》（2011—2030 年）以来，中国通过完善法律法规和体制机制、加强就地和迁地保护、推动公众参与、深化国际合作等政策措施，有力推动改善了生态环境。其中，设立陆地自然保护区、恢复和保障重要生态系统服务、增加生态系统的复原力和碳储量等 3 项目标超额完成，生物多样性主流化、可持续管理农林渔业、可持续生产和消费等 13 项目标取得良好进展。

（二）增进国际交流合作

中国坚持多边主义，注重广泛开展合作交流，凝聚全球生物多样性保护治理合力。借助"一带一路""南南合作"等多边合作机制，为发展中国家保护生物多样性提供支持，努力构建地球生命共同体。

建立"一带一路"绿色发展多边合作机制。中国将生态文明领域合作作为高质量共建"一带一路"重点内容，采取绿色基建、绿色能源、绿色金融等系列举措，为沿线国家提供资金、技术、能力建设等方面支持，帮助他们加速绿色低碳转型，持续造福沿线各国人民。成立"一带一路"绿色发展国际联盟,40 多个国家成为合作伙伴,在生物多样性保护、全球气候变化治理与绿色转型等方面开展合作。建设"一带一路"生态环保大数据服务平台,吸纳 100 多个国家生物多样性相关数据,为"一带一路"绿色发展提供数据支持。实施绿色丝路使者计划,与发展中国家共同加强环保能力建设,通过开展培训、项目合作等形式,为有关国家落实《联合国 2030 年可持续发展议程》提供帮助。

深化生物多样性保护"南南合作"。中国在"南南合作"框架下积极为发展中国家保护生物多样性提供支持,全球 80 多个国家受益。建立澜沧江—湄公河环境合作中心,定期举行澜沧江—湄公河环境合作圆桌对话,围绕生态系统管理、生物多样性保护等议题进行交流。建立中国—东盟环境合作中心,与东盟国家合作开发和实施"生物多样性与生态系统保护合作计划""大湄公河次区域核心环境项目与生物多样性保护走廊计划"等项目,在生物多样性保护、廊道规划和管理以及社区生计改善等方面取得丰硕成果。建立中国科学院东南亚生物多样性研究中心,开展联合科学考察、重大科学研究、政策咨询与人才培养等工作。建立中非环境合作中心,促进环境技术合作,共享绿色发展机遇。

广泛开展双多边合作。坚持共商共建共享原则,不断深化生物多样性领域对外合作。积极参加联合国生物多样性峰会、领导人气候峰会等国际会议及活动,为保护生物多样性、促进可持续发展注入动力。组织召开"2020 年后全球生物多样性展望:共建地球生命共同体"部长级在线圆桌会,共商 2020 年后生物多样性全球治理。中法两国共同发布《中法生物多样性保护和气候变化北京倡议》。与俄罗斯、日本等国家展开候鸟保护的长期合作。与俄罗斯、蒙古国、老挝、越南等国家合作,建立跨境自然保护地和生态廊道,其中,中俄跨境自然保护区内物种数量持续增长,野生东北虎开始在中俄保护地间自由迁移;中老跨境生物多样性联合保护区面积达 20 万公顷,有效保护亚洲象等珍稀濒危物种及其栖息地。中国还与德国、英国、南非等分别建立双边合作机制,就生物多样性和生态系统服务、气候变化和生物安全等领域开展广泛的合作与交流,与日本、韩国建立中日韩三国生物多样性政策对话机制。

结　束　语

地球是人类共同生活和守护的家园,生物多样性是人类赖以生存和发展的基础,是地球生命共同体的血脉和根基。面对生物多样性丧失的全球性挑战,全人类是休戚与共的命运共同体。

中国已经踏上全面建设社会主义现代化国家的新征程,生态文明建设具备更多条件,同时,也面临很多挑战,生物多样性保护任重而道远。展望未来,中国将秉持人与自然生命共同体理念,把生物多样性保护作为生态文明建设重要内容,持续推进生物多样性治理体系和治理能力现代化,改善自然生态系统状况,提升生态服务功能,提高生态产品供给能力,实现自然生态系统良性循环,不断满足人民日益增长的优美生态环境需求。

中国将始终做万物和谐美丽家园的维护者、建设者和贡献者,与国际社会携手并进、共同努力,开启更加公正合理、各尽所能的全球生物多样性治理新进程,实现人与自然和谐共生美好愿景,推动构建人类命运共同体,共同建设更加美好的世界。

责任编辑：刘敬文

图书在版编目（CIP）数据

中国的生物多样性保护/中华人民共和国国务院新闻办公室 著.—北京:人民出版社，
　2021.10
ISBN 978－7－01－023832－6

Ⅰ.①中…　Ⅱ.①中…　Ⅲ.①生物多样性-生物资源保护-中国　Ⅳ.①X176

中国版本图书馆 CIP 数据核字(2021)第 197985 号

中国的生物多样性保护

ZHONGGUO DE SHENGWU DUOYANGXING BAOHU

（2021 年 10 月）

中华人民共和国国务院新闻办公室

人 民 出 版 社 出版发行

（100706　北京市东城区隆福寺街 99 号）

中煤（北京）印务有限公司印刷　新华书店经销

2021 年 10 月第 1 版　2021 年 10 月北京第 1 次印刷
开本:787 毫米×1092 毫米 1/16　印张:2.5
字数:20 千字

ISBN 978－7－01－023832－6　定价:12.00 元

邮购地址 100706　北京市东城区隆福寺街 99 号
人民东方图书销售中心　电话 (010)65250042　65289539